儿童编程思维训练书

编程好好玩

[意] 阿尔贝托·贝尔托拉齐/文
[意] 萨科 [意] 瓦拉利诺/图
史晟辉 郭畅/译

U0378376

北京时代华文书局

目录

编程？ 那是什么？

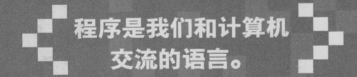

程序是我们和计算机交流的语言。

我们为什么要和计算机交流?

我们想让它帮助我们去做我们想做的事,比如:打游戏、工作、学习……

这很难吗?

不难,每个人都可以完成。一次一个步骤,一次一个词,一次一个规则,就像你刚学习怎么走路、怎么说话、怎么玩一样。

你需要大人来帮忙吗?

如果孩子还很小,就需要大人来帮忙,比如爸爸、妈妈或者老师。在这里我们用孩子们能理解的符号来讲编程,也给大人们提供一些怎样帮助孩子们在玩中学的指导。

程序：孩子们的朋友

因为编程像游戏一样有趣

因为编程能使孩子们头脑更灵活

因为编程能鼓励孩子们去尝试新事物

因为编程会告诉孩子们规则的必要性

孩子们的思维有理性部分，也有创造性部分。

编程能帮助它们共同发展！

让我们认识一下罗博和斯马特！

嗨，我叫罗博。我的身体里有电路，我能记忆，但我不只是一个简单的机器人！我被编写了程序，可以不断学习新的东西，和你一起长大。

罗博和斯马特很聪明，喜欢一切与技术有关的东西。

如何学习编程?

学习编程意味着必须要做三件事。

学习程序

学习逻辑

玩中学

程序： 使用计算机语言，让计算机去做我们想做的事情。

逻辑： 了解因果关系、先与后、对与错。

玩中学： 在玩中学编程，感觉开心而不是无聊，对吧！

4岁及以上的孩子可以学习一些编程基础。

在学校使用的方法与你在本书中发现的方法类似：首先是在没有计算机的情况下玩游戏，然后才在计算机前使用学到的技能。

现在，我们还不需要计算机

我们为什么不使用计算机?

你可以通过简单实用的游戏来理解和应用编程基础，让孩子形成编程思维。

玩中学：编程游戏、迷宫、找漏洞、拼图

1 通过为网格中的小方块着色，我们知道了像素。

2 通过将符号按照正确的顺序放在页面上，我们可以"编写程序"，让孩子们跳、跑和跳舞。

3 通过有趣的"路标"的指示，我们可以找到路线并走出迷宫。

4 通过搜索图片中的错误，我们了解什么是"漏洞"。

5 通过找到拼图中正确的部分，我们开始明白问题是如何分解、组合的。

计算机会什么语言呢？

计算机像个外国人

它是从另一个"国度"来的朋友，说的是另一种语言。

让我们通过学习它的语言来帮助它，一次学一点就行。

开始吧！
让我们看看你该怎么做！

首先，我们可以和其他孩子（也可以是大人）一起，拿出纸和铅笔。

 1 你知道如何辨别真假吗？

 2 你知道怎么把东西按正确的顺序排列吗？

 3 你知道怎么画一张脸吗？

 4 你知道如何用彩色铅笔上色吗？

 5 你知道怎么在没有音乐的情况下跳舞吗？

像素的艺术

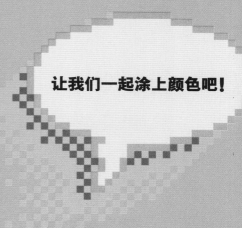

让我们一起涂上颜色吧！

按照下面的说明给右侧页面网格中的小正方形涂上颜色，一张有趣的脸就出现了。这是你的新朋友，它是一个表情符号！

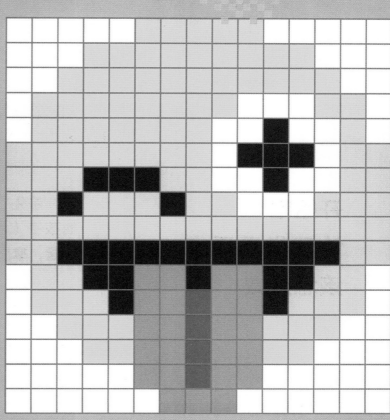

你需要什么？

▶ 1支黑色铅笔

▶ 1支黄色铅笔

▶ 1支粉色铅笔

▶ 1支红色铅笔

然后按照右侧页面上面的指示，给网格中的小正方形涂上颜色。

16

像素游戏

1. 黑色
2. 黄色
3. 粉色
4. 红色

让我们一起找丢失的部分吧！

斯马特给罗博寄了一张自己的照片。但在这个过程中，7个照片碎片丢失了，现在取而代之的是7个绿色方块。

这是完整的照片。

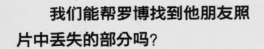

我们能帮罗博找到他朋友照片中丢失的部分吗?

仔细看前一页的正方形,只有7个是正确的。请把它们找出来完成这张照片。

让我们写第一个程序吧！

我们学习一下怎么将一堆符号变成一幅美丽的图片吧！

每个符号都会出现一种效果
你要做的就是把正确的符号按正确的顺序排列，我们的机器人就会按照你想要的方式画出图片了！

如果我们没有机器人，旁边的大人也会帮你……

举个例子：
仔细看看左边的这些符号：这些都是这幅画的符号！

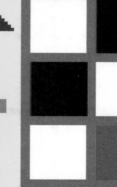

用到的颜色

■ 黑色（第一种颜色）

■ 红色（第二种颜色）

用到的符号

↑	上移一个正方形
←	左移一个正方形
↓	下移一个正方形
→	右移一个正方形
⚡	正方形中的颜色
↻	更改颜色

起始点

这个游戏需要准备什么?

- 一张写程序的白纸
- 两支铅笔(黑色、红色)
- 一张画纸(如果你没有画纸,你需要画一个9×9的网格纸)
- 一个帮助画图的机器人(或者一个大人)

计算机看似聪明，实际上需要你一步一步地告诉它该做什么！程序员一般会通过绘制一张流程图来告诉它！

流程图是做什么的？

流程图就是把我们让计算机做的事，就是你的指令，转换成图形，将它们排列整齐，这样看着更清晰。即使你的老式计算机也能理解它们。

这个流程图有箭头和各种形状的积木块。每个形状的积木块有不同的颜色，表示不同的动作。我们在积木块里面写下要做的事情。

 "香肠"表示事情的开始和结束。

 矩形表示我们正在做的事情。

 平行四边形表示我们正在接收或提供消息。

 菱形表示我们在判断，我们在问自己一个问题。每个人的回答可能会产生不同的结果。

 箭头表示动作的方向，让你知道起点和终点在哪里。简单地说，箭头把不同的积木块连起来了。

流程图游戏

让我们一起玩个游戏！我们一起画一个日常活动的流程图吧！

比如：去吃小吃。往下看它是怎么运行的。

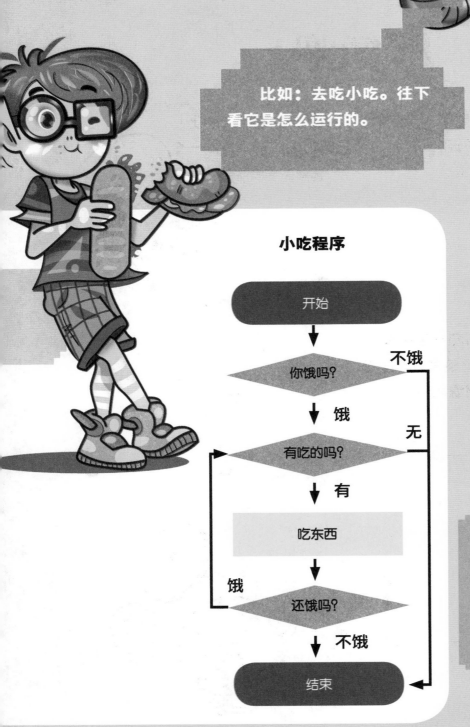

小吃程序

开始

你饿吗？ → 不饿

↓ 饿

有吃的吗？ → 无

↓ 有

吃东西

↓

还饿吗？ → 饿

↓ 不饿

结束

轮到你了！

我们可以试试把其他一些日常活动画成流程图。穿衣服之前我们该做什么？我们出门前怎么穿衣服？

拿一支彩色铅笔和几张纸，然后在大人的帮助下，把你做的事情变成一张流程图吧。

起点

让我们救救
罗博吧！

罗博迷路了！让我们帮它回到它的宇宙飞船上！它必须躲开障碍，我们必须告诉它该往哪个方向一个格一个格地走。

请拿出一张纸和一支铅笔：按顺序画上正确的箭头，然后让你的朋友按照说明做。

现在我们交换角色再试一次。

向下移动一格	↓
向上移动一格	↑
向右移动一格	→
向左移动一格	←

先与后

当我们让计算机帮我们做事的时候，我们必须告诉它正确的顺序。也就是，我们必须告诉它要先做什么，后做什么！

> 看看下面这两个例子：事情发生的顺序正确吗？

当你洗澡的时候……

1. 打开水龙头
2. 去浴缸里洗个澡
3. 脱下你的浴袍
4. 打开开关，烧热洗澡水

当你吃早餐的时候……

1. 打开冰箱
2. 抹上果酱
3. 把面包切成薄片
4. 吃一口面包

现在让我们把穿衣服这件事按正确的顺序排列一下：我们先穿什么？后穿什么？在大人的帮助下，把号码按正确的顺序写在下面。

1 _____
2 _____
3 _____
4 _____
5 _____
6 _____
7 _____

真与假

有时了解什么是真、什么是假并不容易。特别是当我们想和计算机说话时，我们必须明确真假。因为计算机根本无法忍受谎言！

请拿出一支红色铅笔，我们开始吧！

在你的左边是一些奇怪的数学运算。仔细看看：结果正确吗？如果不正确，用铅笔在上面画个"×"。

在你的下边是另外一些奇怪的运算符号。想要知道它们的意思，问问大人吧。

< 表示"小于"

> 表示"大于"

"小于"是指一个事物比另一个事物小或数量少；"大于"则相反！这里，也用你的铅笔把错误标出来吧！

大问题，小办法！

当我们面对困难的问题时，我们会感到害怕：它看起来太大了！

 请把你的七巧板画在一块硬纸板上，找一个大人帮忙把它们剪下来，自己拼出一只天鹅吧！

通常大问题可以通过分解成小问题来解决，这是编程专家使用的技巧。

有一款游戏——七巧板，就是运用这样的思路。

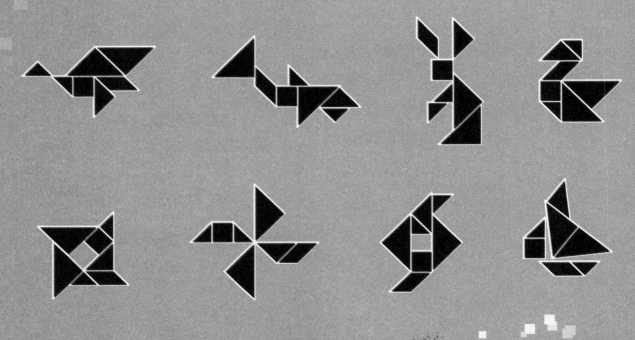

当你做得更好的时候，你会把这些碎片自由地拆分、拼凑，创建你想要的图形，像上面一样。

让我们把阿瑟拼好吧！

找出正确的碎片是非常重要的。在这个游戏中，我们必须找到合适的碎片，把这只可爱的小狗阿瑟拼出来。

但是要注意：有些碎片是错误的。

请拿出一支铅笔，把正确的部分涂上颜色。

找到正确的碎片！

一起来找出
罗博吧！

你能帮斯马特画出一张罗博的肖像吗？
请记住它外表的细节。

你可以在右边的
页面上找到它的一些
部件。

3个选项中只有1
个是正确的！仔细看，
在你觉得正确的图片
下面做个记号！

哪些是正确的?

为了让游戏更有趣，我们将罗博的身体部件与其他机器人的混合在一起了。

触角

眼睛

头部

手

身体

找不同

在编程过程中，正确性是非常重要的。有时一个小错误就可能导致结果与我们想要的完全不同！比如，你在程序中不小心多加了一个逗号，极有可能会把火箭发射到火星而不是月球上！

小的错误也会导致意想不到的结果！你知道这意味着什么吗？——你需要练习多关注细节，哪怕是最微小的！

罗博为它的8个机器人朋友画了肖像，斯马特试图复制它的画，但犯了10个小错误。你能找到它们并用红色铅笔标出来吗？

连连看

斯马特和罗博有个较难的任务要做：
在右侧页面的网格中设计一条路线，将左下角的绿色像素连接到右上角的黄色像素。

要求：这条路线由红色像素组成，并且只能使用下面给出的积木块。

帮帮他们吧！

这里有23个红色积木块，就像俄罗斯方块游戏。你可以全部使用，也可以只使用其中的一部分。你只能使用给出的图形，不能使用图中没有的。为了区分，你可以用铅笔把使用过的积木块做标记。

如果想使用更少的积木块，有一个窍门：将它们和图片中已经出现的红色像素连起来。

迷宫

起点

罗博和**斯马特**放假了，罗博想去海边，斯马特想去爬山。你能在迷宫里画出每个人正确的路线吗？

当你找到正确的路线时，你需要把它写在左边。你能做到吗？请按正确顺序用箭头标出来。请看最左边这个例子：这些是回家的提示。

40

符号表示：

向上移动一格	↑	向下移动一格	↓
向左移动一格	←	向右移动一格	→

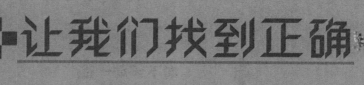

让我们找到正确的路线！

太空中有很多危险，宇宙飞船想要到地球上去！
可是罗博收到了4组不同的指令。

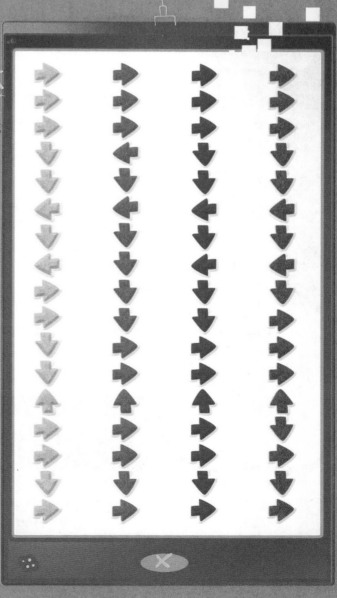

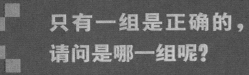

只有一组是正确的，
请问是哪一组呢？

仔细看这4组指令来帮
助宇宙飞船。
请问正确的指令是什么
颜色的？

移一移，动一动

每个人都喜欢在外面玩，那就让我们一起去室外做游戏吧！

我们先要制定一个有趣的方案，把它写在一张纸上，然后我们大家一起做。

为了方便游戏，每一个符号代表了一个动作：

拍手

踩脚

跳

转圈

向右迈一步

向左迈一步

弯腰并摸一下脚趾

翻跟头

坐下

站起来

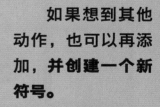

如果想到其他动作，也可以再添加，并创建一个新符号。

设计命令了！

请拿一支铅笔，在数字旁边画出符号（像例子一样），创建你想要的动作序列。

例子

1... ↔
2... ▲
3... ●
4... ●
5... ■
6... ↑
7... ★
8... ↔

1... ....
2... ....
3... ....
4... ....
5... ....
6... ....
7... ....
8... ....

1... ....
2... ....
3... ....
4... ....
5... ....
6... ....
7... ....
8... ....

1... ....
2... ....
3... ....
4... ....
5... ....
6... ....
7... ....
8... ....

少了什么?
多了什么?

无用的东西是无用的!
这个的想法看似简单，却是编程的一个重要思想。

编程时不要忘记任何事情，但也不要写得太多:
　程序必须是完整的，如果缺少一个部分，它将无法工作。但它的每句话也应该是必需的，因为任何无用的部分只会减慢速度。

在第一个游戏中，让我们帮助斯马特从他的自行车上取下无用的零件，用红铅笔标出来。但要特别注意：一些重要的东西可能也会丢失。

在第二个游戏中，我们将帮助罗博从上面这个齿轮组中取下无用的齿轮。如果你仔细观察，会发现有些齿轮对这个齿轮组的运转是没用的。用红色铅笔把没用的圈出来！那么，你能告诉我红色齿轮最终是顺时针转动还是逆时针转动吗？

图书在版编目（CIP）数据

编程好好玩 /（意）阿尔贝托·贝尔托拉齐文；（意）萨科，（意）瓦拉利诺图；史晟辉，郭畅译. — 北京：
北京时代华文书局，2020.9
　　（儿童编程思维训练书）
　　ISBN 978-7-5699-3780-0

　　Ⅰ. ①编… 　Ⅱ. ①阿… ②萨… ③瓦… ④史… ⑤郭… 　Ⅲ. ①程序设计—儿童读物 　Ⅳ. ① TP311.1-49

中国版本图书馆CIP数据核字（2020）第 111751 号

北京市版权局著作权合同登记号：图字：01-2019-7680

Original titles:Coding for Kids - 4-6 years of age
Illustrator:Sacco and Vallarino
Author: Alberto Bertolazzi

©Copyright 2018 Snake SA, Switzerland—World Rights
Published by Snake SA, Switzerland with the brand NuiNui
©Copyright of this edition: Beijing Time-Chinese Publishing House co.,Ltd.
This simplified Chinese translation edition arranged through COPYRIGHT AGENCY OF CHINA

儿童编程思维训练书
Ertong Biancheng Siwei Xunlian Shu

编 程 好 好 玩
Biancheng Hao Haowan

著　　者｜[意]阿尔贝托·贝尔托拉齐／文
　　　　　[意]萨　科 [意]瓦拉利诺／图
译　　者｜史晟辉　郭　畅

出 版 人｜陈　涛
策划编辑｜许日春
责任编辑｜沙嘉蕊
装帧设计｜九　野　孙丽莉
责任印制｜訾　敬

出版发行｜北京时代华文书局 http://www.bjsdsj.com.cn
　　　　　北京市东城区安定门外大街 138 号皇城国际大厦 A 座 8 层
　　　　　邮编：100011 电话：010-64263661 64261528
印　　刷｜北京盛通印刷股份有限公司　　　　电话：010-52249888
　　　　　（如发现印装质量问题，请与印刷厂联系调换）
开　　本｜787 mm×1092 mm 1/16 　　印　张｜3 　字　数｜58 千字
版　　次｜2022 年 9 月第 1 版 　　印　次｜2022 年 9 月第 1 次印刷
书　　号｜ISBN 978-7-5699-3780-0
定　　价｜30.00 元